ALEXANDRIE
EN ÉGYPTE.

Recueil

DES OPINIONS ÉMISES PAR PLUSIEURS JOURNAUX SUR
L'ÉTABLISSEMENT DE M. MAZZARA.

A PARIS,

AU MUSÉE COSMOPOLITE,
RUE DE PROVENCE, N°. 18.
1830.

ALEXANDRIE

EN ÉGYPTE.

En présentant cette petite brochure au public, M. Mazzara croit atteindre deux buts. Le premier est celui de payer un tribut de reconnaissance aux hommes de lettres qui ont bien voulu l'honorer de leurs flatteuses approbations, et d'accepter franchement tout ce qu'ils ont fait pressentir sur l'utilité de son établissement, qui offre aux pinceaux des jeunes artistes français des dessins toujours fidèles des lieux qu'ils auront à représenter. Il rend justice au désintéressement avec lequel MM. les journalistes se sont empressés d'annoncer au public cette nouvelle opération. Ayant agi à son égard comme de véritables philanthropes ; il leur doit et leur adresse des remercîmens sincères, et il espère qu'ils voudront bien accepter ce témoignage de son estime et de sa reconnaissance.

Réunir les pensées et les articles de MM. les journalistes forme le second but, car en général tout ce qui se trouve parsemé dans les feuilles publiques tombe bientôt dans l'oubli, et c'est souvent une véritable perte, surtout lorsque des pages qui se rapportent à un même sujet, traitées avec franchise et de propre volonté, peuvent devenir des pièces très curieuses par le sujet, par le style, par la comparaison : qui sait si un jour cette idée ne servira pas d'une étincelle de plus à allumer le feu poétique de ceux qui honorent la nation par le mérite de leur plume et de leur savoir ! C'est donc une pomme que M. Mazzara jette au milieu des nobles rivaux, qui n'occasionnera pas la discorde, mais qui, au contraire, formera un aliment à la pensée de tout homme qui cultive les sciences. Belle en vérité sera la lutte si la peinture et la poésie se présentent au même champ pour se mesurer.

M. Mazzara est également heureux de pouvoir saisir cette circonstance pour renouveler au public les justes éloges que le journal *le Globe* a faits des talens éminens de MM. Daguère et Allaux.

ALEXANDRIE.

(Extrait du Journal LA MODE, tom. Ier.)

C'est chose bizarre et charmante qu'un voyage autour de ce musée cosmopolite. Vous entrez tout d'abord dans une allée sombre, étroite, tortueuse, éclairée de temps en temps par une pâle lumière qui s'échappe d'un globe d'albâtre ; le bruit des pas s'amortit sur de moelleux tapis. C'est tout mystérieux ; c'est à peine si, à la faible clarté qui règne dans ces avenues, on peut distinguer une taille de femme, une figure jeune et riante ; et, sans le léger froissement de la soie, ou un éclat de rire doux et frais qui vous avertit, on se surprendrait à tressaillir, alors que de gracieuses images vous apparaissent tout-à-coup dans les nombreuses glaces dont ce temple des arts est orné.

Et puis quel voyage enchanteur ! Vous échappez aux cahots d'une voiture, au retentissement du fouet des postillons, aux secousses d'un navire qui s'incline et bondit sur la lame, aux cris rudes et grossiers des matelots qui répondent au sifflet du contremaître ; rien qui vous arrache d'un monde de fictions, point d'objets ignobles et repoussans qui flétrissent un site historique, désenchantent un paysage ; vous êtes isolé, seul avec vous-même : vos idées sont concentrées sur un même point. Vous appelez à votre aide vos souvenirs, les traditions historiques, les chroniques naïves; vous les attachez à cette toile inanimée; alors le cadre s'élargit; l'histoire se déroule, les faits apparaissent, et vous voyez tout un peuple se mouvoir avec ses hommes illustres, ses mœurs, ses lois, ses palais et ses temples. Enfin le tableau se colore, grandit, suit les élans de votre imagination. Encore un pas....., c'est presque la réalité.....

D'ailleurs essayez, venez, entrons dans cet obscur labyrinthe, suivez-moi; vous êtes ébloui, un immense horizon se développe à vos yeux; ce ciel brillant et pur, ces eaux bleues, ces montagnes voilées par une vapeur rougeâtre, tout cela ne vous rappelle-t-il pas les bords de la Méditerrannée? Oui, voilà les îles de *Capri* et de *Procida* (1), qui, jalouses, vous cachent et Naples aux maisons blanches, et son port où flottent les pavillons de mille navires, et ses eaux limpides qui jaillissent sous la rame du gondolier, tandis que le Vésuve s'élève imposant avec son dôme de fumée noire et épaisse.

Avançons toujours. Là, un spectacle grandiose vous étonne et vous émeut; au fond du tableau c'est le volcan Stromboli, à moitié dérobé à vos yeux par les immenses trombes marines qui s'élèvent en tournoyant. Malheur à ce vaisseau surpris par une de ces énormes colonnes d'eau ! Ses voiles et ses agrès sont dispersés au loin, sa carène s'entr'ouvre, et il s'engloutit à jamais (2).

---

(1) Par M. Saint-Aulaire.
(2) Par M. E. Isabey.

Mais vous respirez plus librement ; à cette scène de terreur vient succéder un de ces beaux sites d'Italie (1). C'est bien ce ciel transparent et enflammé, ce soleil d'or qui, en se plongeant sous les eaux, laisse encore dans l'atmosphère de larges et brillans sillons de lumière ; c'est la Calabre avec ses habitans sauvages et fiers, Charybde et Scylla avec toute leur ancienne poésie, la Sicile avec ses belles allées de platanes ; la Sicile, qui reçut la première les Grecs fugitifs de Bysance échappés à la barbarie de Mahomet II. Je crois voir encore le navire chrétien avec sa voile latine demi-pliée autour du mât et la croix qui le surmonte, il touche, il aborde. Des vieillards aux traits calmes et imposans descendent à terre : ce sont Lascaris, Chalcondile, Trapezunce qui, échappés au massacre de Constantinople, viennent demander un asile à l'Europe et payer l'hospitalité qu'elle leur accorde en la dotant de ces précieux manuscrits qui doivent tant concourir à la renaissance des lettres en Italie.

Passons. C'est Malte (2), et ses souvenirs de chevalerie et de religion, l'antique palais de ses grands-maîtres, son curieux arsenal, son port autrefois démantelé, aujourd'hui presque inattaquable ; ses maisons hautes et sombres, ses rues étroites, sa population bâtarde, son mélange bizarre de mœurs du nord et du midi, ses adroits plongeurs, ses femmes vives et agaçantes, au teint brun, aux cheveux noirs, qui contrastent si singulièrement avec les frêles, pâles et blondes figures

---

(1) Par M. Storelli.
(2) Par M. Saint-Aulaire.

des Anglaises qui habitent ce brûlant climat par *droit de conquête*, Malte enfin, un des rayons de cette échelle maritime que les Anglais étendent depuis les Iles Ioniennes jusqu'à Ceylan.

Tout près, en voyant l'île de Calypso, aujourd'hui Gozo, nous donnerons un souvenir à l'auteur de Télémaque, à l'ami du duc de Beauvilliers, et nous parerons cette île aride et déserte de tous les charmes de son divin poëme.

Puis c'est Candie (1), l'ancienne Crète, au seizième siècle un des apanages lointains de Venise la belle, Candie si souvent ravagée par les Turcs, qui n'épargnent ni ses bois d'orangers verts et parfumés, ni ses fontaines de porphyre, ni ses beaux palais de marbre blanc ; cette île riche et fertile, que l'Europe entière ne put arracher au joug des barbares ; vainement un point d'honneur chrétien, une *mode* de croisades firent arriver dans Candie l'élite de la cour de Louis XIV ; vainement les Créqui, les Tavannes, les Beaufort, les Lafeuillade y déployèrent leur bouillant courage, la force des choses l'emporta, et le croissant remplaça la croix sur les remparts de la Canée.

Depuis ce temps, sans cesse asservis, les Candiotes tâchèrent de secouer une domination flétrissante ; mais le sabre turc les décimait sans pitié, et les marchands d'esclaves des bazars de Smyrne et d'Alexandrie s'y fournissaient de Grecques jeunes et belles, renommées pour la blancheur de leur teint.

A gauche du mont Ida, c'est la pointe Carabouse,

______

(1) Par M. Viard.

qui retentit souvent des chants des Hydriotes ; c'est là que le mistic du pirate vient débarquer ses prises, lorsqu'il échappe à la poursuite d'une vigilante et rapide frégate ; la carène longue et étroite du corsaire rase les rochers ; en vain privées du vent par les mornes qui les abritent, ses voiles rouges battent et fasient, des avirons souples et allongés les remplacent, hâtent la marche du léger navire au milieu des écueils, et bientôt il aborde dans une anse resserrée ; là, le bon Hydriote est en sûreté ; il jette l'ancre, s'assied sur le tillac, fume sa longue pipe de lilas, et sourit en voyant la frégate qui, n'osant s'aventurer dans ces dangereux récifs, vire de bord, s'éloigne et disparaît peu à peu dans les profondeurs de l'horizon.

Mais nous touchons au terme du voyage, car Alexandrie en est le but : nous approchons ; encore ce couloir obscur à traverser et nous arrivons devant cette reine déchue.

Un éclat inaccoutumé a frappé vos yeux ; l'air circule librement, les montagnes se perdent au loin, les flots battent ces rochers, ces vaisseaux sillonnent le port, ces pavillons d'azur se déploient, soulevés par un vent frais ; c'est elle, c'est Alexandrie (1).

Alexandrie ! Quels souvenirs, quelle gloire, quels noms, quelle déchéance depuis César jusqu'à Ibrahim-Pacha, depuis Cléopâtre jusqu'à la Contemporaine !

Et puis ce contraste ! un lourd vaisseau anglais avec ses canons de bronze, ses câbles goudronnés, sa haute

---

(1) Par M. Eugène Isabey.

mâture, ses matelots grossiers, ses officiers en frac, qui est là immobile sur ces mêmes eaux où glissait la galère d'or de la voluptueuse reine d'Asie, lorsqu'un vent léger arrondissait ses voiles de pourpre, tendait ses cordages de soie, et que de jeunes filles couronnées de fleurs chantaient sur leur lyre d'ivoire les louanges du maître du monde !

Au lieu de ces merveilleux jardins suspendus, émaillés de mille fleurs ; de ces ombrages de myrthes et de palmiers, où soupirait Antoine, couché aux pieds de Cléopâtre, c'est une hôtellerie avec ses murs blancs et calcinés, sa tente rayée bleue, que le soir on étend sur la terrasse, quand la brise de mer rafraîchit l'air enflammé, et que l'Égyptien indolent, couché sur un riche coussin, attire la vapeur du tabac, qui se parfume en traversant une eau de rose et de jasmin.

Tout cela est vrai, tout cela est vivant : là, c'est le chameau infatigable, le Bedouin hâlé par le soleil ; au loin, c'est le Port-Neuf, où se balancent mille vaisseaux : le brick étroit et élancé, l'élégante goëlette et la pesante et large gabarre hollandaise.

Et puis un immense panorama, le palais d'Ibrahim, celui de Méhémet-Ali, le Vieux-Port, la baie d'Aboukir, qui fait battre plus d'un cœur à de glorieux souvenirs ; les fortifications que le général Cafarelli fit élever ; le camp de César, le palais des Pharaons, le phare, la colonne de Pompée, et le fort Marabou, où débarqua l'armée française, commandée par *Kléber, Bon* et *Menou*.

Je ne sais ; mais ce rapprochement de noms, ces

souvenirs de César et Bonaparte, de Kléber et d'Auguste; ces vieux soldats d'Italie qui campent dans les mêmes lieux que ces anciennes phalanges prétoriennes, cet esprit aventureux qui nous pousse vers l'Égypte; des Anglais défendant la colonne de Pompée contre le canon français.... Tout cela remue, tout cela attache, tout cela fait naître de grandes et sérieuses pensées, surtout à l'aspect de cette ville, où vinrent aboutir deux mondes, qui fut parée des richesses de l'Italie, de la Grèce et de l'Asie, qui fut, pendant un temps, le centre de la civilisation, et qui maintenant n'est qu'un vaste bazar, un point commercial, un entrepôt marchand soumis au despotisme d'un barbare qui parodie nos institutions.

Et vous resteriez là, absorbé dans vos réflexions, pendant des heures entières, surtout si, avant d'entreprendre ce curieux et savant pélerinage, vous aviez lu les pages brillantes et pittoresques de M. Jules Janin (1), qui, dans une ingénieuse fiction, vous révèle les saturnales de la royauté et de la république, et vous les montre aux prises, luttant de débauche dans les fêtes pompeuses de Cléopâtre et d'Antoine.

Maintenant vous voilà dehors : le voyage est terminé ; par un charme magique, vous avez été subitement transporté d'Asie en Europe : n'éprouvez-vous pas une singulière impression en vous trouvant tout-à-coup là, à Paris, dans la rue, dans cette rue si riche, si peuplée, avec le boulevard pour perspective; le boulevard avec ces équipages décorés de nobles ar-

---

(1) Une nuit à Alexandrie. (*Revue de Paris.*)

moiries et entraînés par des chevaux rapides ; le boulevard avec ces hommes qui marchent affairés, et ces jeunes femmes riantes et parées, qui s'arrêtent curieuses devant de riches tissus ou d'étincelantes pierreries. Je le répète : n'est-ce pas chose bizarre que de se retrouver au milieu de ce Paris, bruyant, actif, enivrant ; au milieu d'une population qui se presse, se heurte, court et se précipite !.... N'êtes-vous pas étourdi du bruit des voitures, des cris, du tumulte, vous qui, sortant d'une silencieuse ville du temps des Ptolomées, triste et imposante, vous trouvez tout-à-coup jeté dans un tourbillon étourdissant, centre de la civilisation du dix-neuvième siècle (1)?

EUGÈNE SUE.

---

(1) Maintenant il nous reste à rendre hommage au talent des artistes qui nous ont dotés de ce voyage féerie, qui n'étonnera plus lorsqu'on saura les noms des habiles magiciens. Nommer MM. Ciceri, Isabey, Storelli, etc., c'est assurer la vogue de cette exposition qui est déjà de *mode*. Nous ne terminerons pas sans déclarer que la vue d'Alexandrie, dessinée par M. Mazzara, et peinte par M. Eugène Isabey, est une des productions les plus étonnantes qui aient paru jusqu'à ce jour, et qu'elle assigne à son auteur une des places les plus honorables parmi les peintres de marine et de paysage ; car il est impossible de pousser plus loin la vérité de couleur locale, l'entente du coloris et la pureté d'exécution.

E. S.

ALEXANDRIE EN ÉGYPTE.

(Extrait du Journal des Artistes du 6 décembre 1829.)

Après le Panorama et le Diorama, il semblait qu'il n'y eût plus rien à inventer en peinture, surtout sous le rapport de l'illusion. La grandeur du cadre, qui permet d'imiter perspectivement les objets dans leurs dimensions réelles, le prestige de la lumière, disposée comme il convient pour éclairer les scènes de la nature, enfin le talent éminent des peintres qui ont employé ces immenses ressources ne laissaient pas penser qu'on pût chercher mieux, ni même chercher autre chose. Cependant M. Mazzara avait remarqué, ainsi que beaucoup d'artistes, que le Panorama, proprement dit, a un inconvénient grave : celui de montrer presque à vue d'oiseau, et par conséquent de la manière la moins favorable, les objets les plus proches qui présentent précisément le plus d'intérêt. Pour faire sentir la vérité et la justesse de cette observation, nous rappellerons aux personnes qui ont vu le Panorama de Rome, ou de toute autre grande ville, qu'élevé sur un point central qui domine toute la vue, on n'aperçoit que les toits des monumens les plus rapprochés, sur lesquels le regard plonge perpendiculairement, et que la vue perspective ne retrouve tout son charme que pour les lointains, qui ne sont pas l'objet principal du tableau.

M. Mazzara a cherché à éviter cet inconvénient. Pouvait-il réussir sans violer la vérité? Nous ne répondrons pas à cette question, et nous nous bornerons à rendre compte d'abord du procédé employé.

L'auteur, après avoir dessiné avec une entière exactitude, et dans l'aspect perspectif le plus favorable, toutes les parties de la ville d'Alexandrie et de ses environs, au centre desquelles il s'était placé, mais à distance convenable, a imaginé d'ouvrir le cercle, et de représenter sur une ligne droite horizontale la vue circulaire qui s'étendait autour de lui. De cette manière, le nord de la vue reste au point où il est dans la nature en face du spectateur, et la droite et la gauche qui s'étendent circulairement jusque vers le midi, sont redressées et alignées sur le plan du tableau. Ainsi, chaque portion de la vue perspective, bien qu'elle change réellement de place, conserve sa position respective à l'égard des autres portions, c'est-à-dire que ce qui est à gauche de tel édifice reste à gauche, et de même pour ce qui est à droite; et la fidélité de la représentation est telle, malgré ce dérangement, que les personnes qui ont vu et habité la ville d'Alexandrie, reconnaissent parfaitement, non seulement les quartiers et les édifices publics, mais aussi les maisons particulières.

Après cet exposé un peu difficile à comprendre, ce qui n'est pas de notre faute, le spectateur cessera d'être étonné en retrouvant à l'extrême droite du tableau les obélisques de Cléopâtre et le commencement de la baie du port neuf, qu'il aperçoit aussi à l'extrême gauche.

Cette indication a paru nécessaire à l'auteur pour bien faire comprendre qu'en refermant le cercle qu'il a ouvert et développé devant le spectateur, les deux extrémités du tableau se rejoindraient derrière lui pour compléter la vue panoramique circulaire.

Ceci convenu, il reste à demander à l'auteur comment il a pu faire pour ne rien supprimer, en resserrant sur une ligne droite tous les objets que la vue perspective circulaire lui offrait en profondeur. La divergence des rayons visuels dans l'étendue circulaire, comparée à celle qui a lieu dans l'étendue horizontale, est assurément beaucoup plus grande, et doit, par conséquent, embrasser plus d'objets. Peut-être la vérité est-elle encore un peu blessée sur ce point.

Maintenant, si l'on examine l'exécution, il n'y a plus ni querelles à faire, ni doute à élever. Le début de M. Eugène Isabey, en ce genre, est des plus éclatans. Dans un cadre de vingt-quatre pieds d'ouverture, il a su renfermer la ville et ses environs, et le calcul perspectif de M. Mazzara est tel, qu'au bout de deux minutes l'illusion devient complète sous le rapport des grandeurs. Bien que disposée comme au Diorama, relativement au spectateur, la toile n'est pas autre chose qu'un tableau peint par les procédés ordinaires, sans nulle transparence, mais éclairé avec tout l'avantage possible, comme nous l'avons vu pratiquer dernièrement pour le tableau de la *Bataille d'Aboukir*, dans la salle de la rue Taitbout.

L'effet général est satisfaisant. On reconnaît ou l'on devine le climat d'Afrique ; c'est bien cette atmosphère embrasée, ce sont bien ces sables arides avec lesquels

contrastent si rarement de vertes *Oasis*. Il eut peut-
être été possible d'obtenir quelques effets plus piquans,
en baissant le soleil et en allongeant les ombres, ou bien
encore en faisant contraster davantage, par la couleur,
quelques-uns des édifices qui composent la ville ; mais,
le soleil élevé sur l'horizon donne mieux l'idée du
climat ; et, quant aux édifices, M. Mazzara, voulant
donner au public leur portrait fidèle, a demandé à
M. Isabey de faire blanc ce qui est blanc, quand même
le brun ou le noir aurait mieux convenu à l'effet pittoresque. D'ailleurs, la nature harmonise tout, et M. Isabey a su rendre la nature.

M. Mazzara a eu l'heureuse idée de faire représenter
par plusieurs jeunes artistes les points principaux que
le voyageur rencontre en mer en se rendant de Naples
à Alexandrie : les îles de Capri et de Procida, le volcan de Stromboli, le phare de Messine, l'île de Malte
et la petite île de Calypso, enfin l'île de Candie, l'ancienne Crète. Ces divers tableaux sont exécutés par
MM. E. Isabey, Saint-Aulaire, Storel' fils et Viard. Les
bâtimens en mer, représentés par M. Saint-Aulaire,
avec beaucoup de talent et d'exactitude, méritent plus
d'éloges que le reste de ses deux tableaux. Celui de
M. Isabey, où l'on voit un effet des plus surprenans,
même pour les navigateurs, de plusieurs trombes marines qui mirent en grand danger, le 27 juin 1827, le
vaisseau que montait M. Mazzara, est fort remarquable par la manière vigoureuse dont il est rendu. L'île
de Candie, par M. Viard, offre un beau ciel et un
horizon des plus suaves. Enfin, la vue du phare de
Messine, par M. F. Storelli, est un des plus agréables

par la finesse et la transparence des tons, par l'harmonie qui règne entre le ciel et les eaux, et par la chaleur de coloris.

M. Mazzara a joint à la grande vue d'Alexandrie
deux vues partielles des *Bains* dits de *Cléopâtre* et des
Catacombes qui les avoisinent, exécutées par MM. Tanneur et Cicéri. Ces deux vues, l'une à la vive lumière
du soleil, l'autre à la lueur des flambeaux, sont rendues
avec une égale vérité, et font honneur aux pinceaux de
ces deux habiles peintres.

Ainsi que nous l'avons dit, dans un précédent article, cet établissement mérite de grands éloges et de
grands encouragemens. Les artistes y trouveront le
moyen de déployer leur talent sur une échelle plus
vaste que d'ordinaire, et de se faire connaître plus
promptement du public.

Farcy.

EXTRAIT

DU JOURNAL DES DÉBATS DU 11 DÉCEMBRE 1829.

On vient de faire dernièrement l'ouverture d'une espèce de musée cosmopolite, dans lequel M. Mazzara
se propose d'offrir successivement à la curiosité pu-
blique les lieux, les villes et les monumens les plus
célèbres qu'il a visités et dessinés dans ses nombreux
voyages. Dans ce moment, on voit une suite de tableaux représentant toutes les stations importantes du
voyage de Naples à Alexandrie, en Égypte. M. Mazzara, en fournissant les dessins, a confié l'exécution de
ces peintures à de jeunes artistes dont les noms sont
déjà avantageusement connus. On distingue ceux de
MM. Viard, Storelli fils, Saint-Aulaire, et E. Isabey.
On voit successivement, et comme cela pourrait se
faire dans un bâtiment par l'ouverture des sabords,
les îles de Procida et de Capri, avec le golfe de Naples ; le volcan de Stromboli, au moment où douze ou
treize trombes de mer menacent d'engloutir le vaisseau
du voyageur ; le phare et le détroit de Messine ; Malte
et l'île de Calypso ; l'île de Candie, et enfin une vue
générale d'Alexandrie et de tous ses environs. Ce dernier tableau et celui où est représenté l'étrange phéno-
mène des trombes, font le plus grand honneur au ta-

lent de M. E. Isabey. Dans la vue d'Alexandrie, les artistes et les savans auront l'occasion d'apprécier les
effets singuliers et heureux que M. Mazzara a obtenus
en combinant les lignes anamorphoses, pour produire
un genre d'illusion tout particulier. Jamais on n'a vu
un tableau qui, sur un espace donné, représentât un
espace aussi large.

Au surplus, on ne peut qu'engager M. Mazzara à
faire passer ainsi en revue au public toutes les richesses qu'il a en portefeuille. Ce voyageur distingué a
parcouru, en antiquaire zélé, presque tout l'ancien
monde, et il possède particulièrement une suite de
dessins faits d'après les monumens *Cyclopéens*, qui
pourrait jeter quelque lumière sur ces ouvrages si peu
connus encore.

Le Musée cosmopolite aura encore l'avantage de donner à nos jeunes paysagistes une excellente occasion
d'employer leurs talens; et ceux même qui sont plus
avancés dans la carrière y pourront paraître avec dis-
tinction. On remarque parmi les tableaux du Musée de
Mazzara, une Vue des Catacombes, dites *Bains de
Cléopâtre*, exécutée par MM. Cicéri et Tanneur.

VOYAGE EN ÉGYPTE.

(Extrait du Journal LE CORSAIRE du 15 novembre 1829.)

Nous passâmes d'abord à la vue des îles de Capri et Procida ; elles nous cachaient la ville de Naples, que nous venions de quitter, et sur la droite le Vésuve élevait sa tête fumante ; un ciel pur, dont l'azur étincelait des feux du soleil, jetait à l'horizon une lueur vive, transparente, et qui semblait comme une de ces gloires du firmament, que Raphaël place autour de la tête de ses vierges. Bientôt l'atmosphère se chargea de lourdes vapeurs, les échos de la mer de Sicile répétèrent les sifflemens de l'orage, et la vague de cette Méditerranée si calme, se souleva pendant que la foudre grondait du côté de l'Archipel. Alors on vit d'immenses trombes marines qui tombaient du ciel comme des colonnes de nuées terribles ; il y en avait qui tournoyaient, d'autres qui, spirales menaçantes, se balançaient dans cette région bouleversée ; une se montrait comme un horrible dard, chargé des feux et des eaux du ciel, prête à lancer la grêle. Notre faible navire, vaisseau venu des côtes d'Angleterre, et chargé des produits insulaires, fit feu sur la plus grande de ces trombes, et parvint à se préserver de ce contact de destruction.

Bientôt le ciel reparut bleu et calme; le phare de Messine se montra, séparé de la terre, semblable à une statue de l'Océan. Nous vîmes le cap Pelore, le rocher de Scylla, puis une lanterne basse qui indique le gouffre de Charybde, plus loin la grande lanterne du détroit, le fort Saint-Salvator, et la dernière pointe de l'extrême rivage de l'Italie.

Malte, avec ses blanches et reluisantes habitations, son dos de collines qui semblent écaillées, et, à côté, Gozo, autrefois l'île de Calypso, et dans laquelle les récits de la contrée montrent encore la grotte de la nymphe, avec ses parois de stallactites et ses portiques de verdure.

Candie, avec les souvenirs de l'ancienne Crète et le mont Ida, maintenant remarqué par cette pointe Carabouse, refuge des pirates; tout cela lumineux et radieux des flammes de l'Orient et de cette brume qui ressemble à une tenture diaphane, vivait des vers d'Homère, des lignes de Fénélon, et de la poésie de Byron.

Enfin, notre bâtiment entra dans le port d'Alexandrie, je me hâtai de gravir le toit de la maison de mon hôte; et là, sur une fraîche terrasse, je vis se dérouler sous mes yeux l'immense panorama de cette ville. Devant moi, une cour, dans laquelle un chameau fatigué était couché à côté de son indolent conducteur; quelques boîtes de momies se voyaient dressées contre le mur; au loin, les obélisques, des petits phares, et cette baie d'Aboukir si glorieuse à nos troupes, si fatale à notre marine ; Alexandrie avec ses minarets, ses toitures dallées et préparées, comme des salles de repos et de festin, et les bannières des gouvernemens d'Europe, inclinées cependant en signe de deuil, car un consul-général venait de mourir. Comment décrire ce vaste tableau, et cette plage de mer qui fuit et tourne autour de pointes allongées ; là sont les forts que le Pacha a fait construire ; ce point nous cache le fort Marabou, où nos soldats débarquèrent, en 1798 ; le canal du Nil, la haute colonne de Pompée, les longues fortifications bâties par les Français, et dont quelques bastions portent encore le nom de nos généraux Cafarelli et Crétin, le camp des César, et le palais des Pharaon, formaient une vue brûlante d'un soleil d'Afrique ; et les larges écuries du pacha, sous les hangars duquel piaffe un troupeau de chevaux arabes, quelques costumes d'Orient, donnaient à cet aspect un charme indéfinissable.

Quelques heures après, je pénétrai, en rampant, dans les bains de Cléopâtre, que l'on aperçoit à l'extrême droite, et dont l'entrée se trouve sur le bord de la mer qui en baigne les roches, et a jeté à leurs pieds une flaque d'eau salée retenue dans une enceinte circulaire ; et à soixante pas, je me trouvai dans une salle que la lueur de nos torches éclairait seule d'un feu rougeâtre ; et sous ces voûtes, on distinguait une architecture grecque taillée dans le roc : il y avait là une pensée de mort, c'était comme l'antiquité enfouie sous la terre.

Après quoi, j'allai déjeûner au café des galeries de

l'Opéra, car je n'avais pas quitté Paris : j'avais été visiter le bel établissement que M. Mazzara vient d'offrir au public, rue de Provence, vis-à-vis de la rue Lepelletier ; j'avais voyagé sur des tapis moelleux, dans de chaudes et élégantes galeries, dont l'obscurité était interrompue par les plus délicieux tableaux dus aux pinceaux de Saint-Aulaire, de E. Isabey, de Storelli, de Viard, de Tanneur et de Cicéri. Nous y reviendrons.

VOYAGE A ALEXANDRIE

(ÉGYPTE).

———❦———

(Extrait du Courrier Français du 13 décembre 1829.)

L'invention des Panoramas nous a transportés dans plusieurs grandes villes, que sans cela nous n'eussions jamais vues; celle du Diorama nous a introduits dans l'intérieur de plusieurs monumens célèbres, que nous n'aurions sans doute pas été non plus à même de visiter. Voici une nouvelle combinaison des effets de la peinture et des jeux de la lumière qui nous fait voyager à travers des mers inconnues pour nous, et qui nous conduit à un port où probablement nous n'aborderons de notre vie : nous voulons parler de l'établissement que vient de former M. Mazzara, savant voyageur étranger, établissement auquel plusieurs journaux ont déjà donné le titre de *Musée cosmopolite*.

Le public se trouve placé dans une galerie semblable à l'entrepont d'un vaisseau, dont les sabords seraient ouverts d'un côté, et d'où l'œil découvre successivement les points de vue les plus remarquables des côtes devant lesquelles on passe en s'embarquant à Naples pour se rendre à Alexandrie.

Les îles de Capri et de Procida attirent d'abord les regards ; elles cachent aux spectateurs la ville de Naples, mais elles laissent apercevoir la crête du Vésuve. La vue d'un autre volcan, le Stromboli, fixerait ensuite l'attention, si elle n'était toute occupée par le spectacle bien plus étrange d'énormes trombes d'eau qui s'élèvent du sein des flots jusque dans les airs. La plus forte d'entre elles a été heureusement rompue et divisée à sa base par les coups de canon d'un vaisseau, qui n'a trouvé d'autre moyen de salut contre ce fléau si redoutable pour les navigateurs.

Bientôt les yeux se reposent avec délices sur les campagnes si riantes des côtes de Sicile qu'on aperçoit par-delà le phare de Messine. Vient après l'aspect un peu aride de Malte et la vue plus animée de son port. Le dessin a été pris après la bataille de Navarin, lorsque les vaisseaux russes et anglais s'y trouvaient en réparation.

Une côte est encore à voir, c'est l'île de Candie ; l'œil s'arrête long-temps sur les montagnes si pittoresques et si colorées de l'ancienne Crète. Enfin, après une traversée plus longue et sans rivage, on se trouve au milieu d'Alexandrie. C'est là que sont réunis tous les prestiges de l'art pour charmer et tromper les yeux les mieux exercés. Placé à un balcon élevé, le spectateur peut embrasser d'un coup-d'œil l'ensemble de la ville, le vieux port, la rade, les forts, qui de chaque côté en défendent l'entrée ; enfin, la vaste plaine de sable au centre de laquelle sont situées l'ancienne et la moderne Alexandrie, plaine qui sans mouvement se perd dans l'horizon, et où l'on découvre çà et là quelques débris d'antiquité, mais nulle trace de végétation. L'heure choisie par l'artiste paraît être celle de midi, c'est-à-dire l'instant du jour où les hommes ni les édifices ne projettent aucune ombre, en sorte que tous les objets se détachent en clair sur le sable ou sur le ciel. On ne peut donner une idée plus juste du climat brûlant d'Afrique, et de cette lumière si éblouissante qui colore presqu'également toute chose. Le choix de ce moment était une si grande difficulté, que le peintre a cru devoir ajout à celle que présentait déjà l'aspect d'un pays plat et sans accident naturel. Il les a habilement surmontées l'une et l'autre, et ce tableau fait le plus grand honneur au talent de M. Isabey fils.

Après avoir long-temps examiné la vue générale d'Alexandrie, on va visiter quelques détails curieux : tels sont les bains de Cléopâtre, espèce de grotte placée à la gauche de la rade, et que les eaux de la mer ont envahie ; telles sont aussi les catacombes de la maîtresse d'Antoine, monument creusé dans le roc, et où l'on retrouve plusieurs fragmens d'une riche architecture. Un homme, porteur d'un flambeau qui répand la clarté sous ces voûtes obscures, y fait pénétrer le spectateur.

Nous n'avons parlé encore que de la partie instructive et curieuse de l'établissement de M. Mazzara. Il a aussi son côté utile pour les artistes. Ce savant, qui possède un portefeuille bien garni de dessins exécutés sur les lieux qu'il a parcourus, se propose de les faire reproduire par nos meilleurs peintres de paysage, à mesure qu'il fera voyager le public dans quelque contrée nouvelle. MM. Isabey fils, Ciceri, Viard, Storelli, Tanneur, Saint-Aulaire, lui ont déjà prêté le secours de leur talent ; d'autres viendront avec empressement le seconder pour enrichir son *Musée cosmopolite* de points de vue nouveaux. Sous ce rapport, son établissement mérite les encouragemens de tous les amis des arts. Déjà il a obtenu les suffrages des princesses qui sont allées le visiter. Nous croyons qu'il en réunira de non moins flatteurs, ceux des véritables connaisseurs et des artistes.

VUE D'ALEXANDRIE EN ÉGYPTE.

(Extrait du Journal LA SEMAINE du 3 janvier 1830.)

Toute personne qui a voulu donner quelques instans de sa vie à l'étude des arts, a été à même d'apprécier combien peu les jeunes peintres reçoivent d'encouragemens à leurs premiers essais, combien ils éprouvent de difficultés à tirer parti de leurs ouvrages, et à se créer des ressources par leur travail. Dans la peinture, comme dans tous les états, la route est encombrée ; on se heurte, on se presse, on se pousse, mais peu arrivent à percer la foule. Jamais peut-être il n'y a eu plus de jeunes talens ; mais il ne suffit pas de faire de bons tableaux, il faut encore trouver à les vendre. Aussi le découragement vient-il bientôt, et adieu les espérances. Il faut donc accueillir avec faveur et intérêt tout ce qui peut aider à mettre en évidence le plus de talens possible et tous les établissemens qui ont pour objet d'offrir à nos jeunes artistes, non seulement la publicité pour leurs ouvrages, mais en même temps l'occasion de travailler d'une manière fructueuse à leurs intérêts.

Le nouvel établissement de M. Mazzara nous semble avoir atteint parfaitement ce but si désirable. On dit que c'est autant dans la vue d'être utile aux jeunes peintres que par spéculation, que M. Mazzara a conçu l'idée qu'il a mise à exécution avec tant de succès. Nous nous faisons un devoir dans l'intérêt de l'art, d'appeler l'attention sur cet établissement remarquable.

M. Mazzara annonce qu'il exposera successivement des vues des principales villes du monde, en faisant parcourir les points principaux et les sites les plus pittoresques que le voyageur rencontre en chemin. En ce moment est exposée la ville d'Alexandrie en Égypte. Avant que nous arrivions au tableau principal, des tableaux d'une petite dimension nous retracent différentes côtes de la Méditerranée, les îles Capri et Procida, Messine, les côtes de la Calabre, Malte et Candie. Cette suite de tableaux est exécutée avec un talent fort remarquable par MM. E. Isabey, Saint-Aulaire, Storelli fils et Viard. M. E. Isabey a rendu avec une vigueur extraordinaire les effets surprenans de plusieurs trombes marines qui mirent en danger le vaisseau que montait M. Mazzara en 1827. Ce ciel bitumineux, qui contraste avec un horizon bien pur, est rendu avec beaucoup de bonheur. Nous avons distingué ensuite la *Vue du Phare de Messine*, par M. Storelli fils. Ses tons lumineux sont d'un effet extraordinaire. L'harmonie, la chaleur du coloris promettent un peintre distingué. Nous reprocherons à MM. Viard et Saint-Aulaire de la sécheresse dans leurs eaux, peu de transparence ; du reste, leurs cieux et leurs horizons sont charmans.

Mais l'objet le plus remarquable de cette exposition est la *Vue d'Alexandrie*, par M. Isabey. Ce tableau, d'une fort grande dimension, offre au bout de quelques instans une illusion complète. Le premier aspect étonne et attriste nos yeux, habitués à des perspectives bien prononcées, bien fécondes en effets produits par la variété et les oppositions des tons. Ici aucun effet de couleur ; la pureté triste et monotone de ce ciel qui se confond presque avec un terrain pâle et sans végétation, ces bâtimens qui ne se détachent pas et n'aident en aucune façon à la perspective ; tout est rendu avec une sévère exactitude. M. E. Isabey a été d'une sobriété d'effets incroyable ; tout est sacrifié à la vérité.

C'est ici le lieu de parler d'un procédé imaginé par M. Mazzara pour donner à ses tableaux l'étendue de perspective des panoramas, et l'avantage d'une vue circulaire, en évitant l'inconvénient de n'avoir de perspective qu'au loin, et de ne voir que d'en haut les objets qui sont rapprochés.

M. Mazzara, placé au centre d'Alexandrie, a dessiné la ville et les environs dans un rayon circulaire sous l'aspect perspectif le plus favorable ; il a disjoint ensuite la partie du cercle qui se trouvait placée derrière le spectateur, et a étendu les deux portions de ce demi-cercle, l'une à droite, l'autre à gauche, sur une ligne horizontale au premier plan du tableau. Ainsi, le point où le cercle a été disjoint, se retrouve à chaque extrémité. Il est certain que de cette manière la vue perspective change réellement de place ; cependant chacune des parties de la vue conserve sa position respective à l'égard des autres parties. Avec quelque peu d'attention, nos lecteurs saisiront cette explication, qui peut-être paraîtra un peu obscure au premier aspect. Ce pro-

cédé, sans être irréprochable, est d'une grande ressource pour donner l'idée exacte d'une ville dans un
rayon circulaire.

Nous ne terminerons pas cet article sans payer un
juste tribut d'éloges à M. Tanneur, auteur d'un délicieux tableau représentant les *Bains de Cléopâtre*;
rien de plus suave que son ciel et son horizon. Ses
eaux sont d'une transparence et d'une vérité incroyables. Les *Catacombes de Cléopâtre*, par M. Cicéri,
sont d'un grand effet et ne peuvent qu'ajouter à la ré-
putation de cet habile peintre. En somme, ce nouvel
établissement mérite de grands éloges et de grands
encouragemens. Nos jeunes artistes doivent en désirer
vivement le succès, et les amateurs de la peinture y
voient une source féconde de jouissances.

VUE D'ALEXANDRIE EN ÉGYPTE.

(Extrait de l'Écho des Salons du 5 février 1839.) *

On est vraiment fort embarrassé, lorsqu'on veut désigner l'établissement fondé par M. Mazzara, rue de Provence, et dans lequel cet artiste se propose de nous faire voir successivement les principales villes du Monde. Certes, il est fort agréable pour nous tous, paisibles habitans de Paris, qui redoutons tant la peine et la fatigue, de nous rendre en Égypte pour 3o centimes (grâce aux Omnibus et à la nouvelle ordonnance *Mangin*) ; et, une fois arrivés, de n'avoir, pour tous frais de séjour, que deux francs à dépenser, y compris encore le *Guide du Voyageur*. Tous ces avantages sont grands, sans doute, mais cela ne suffit pas : on veut savoir ce que l'on voit, et pouvoir dire, au retour, ce que l'on a vu. Ici impossibilité complète ; vous regardez sur la porte : c'est *Alexandrie en Égypte ;* lisez-vous le prospectus : c'est un *voyage* à Alexandrie ; recourez-vous à la notice : c'est *la première exposition des principales villes du Monde ;* comment sortir de ce labyrinthe? Écoutez un bon conseil, M. Mazzara :

---

* Cet établissement n'avait pas encore pris de nom. M. Mazzara a cru depuis devoir lui donner celui de *Musée cosmopolite*, pour avoir été ainsi nommé par différens journalistes, comme on l'a déjà vu.

ce n'est pas ainsi qu'on procède, lorsqu'on veut montrer quelque chose de neuf, ou de soi-disant tel, au public parisien. Que vous soyez apothicaire, fabricant de lunettes ou marchand de comestibles, si vous courez après les inventions, cherchez d'abord un nom bien bizarre, bien mal sonnant; qu'il ait une signification ou non, qu'il vienne du grec ou du chinois, de l'auvergnat ou du sanscrit, peu importe; l'essentiel est de l'avoir trouvé. Un obscur épicier, en faisant écrire sur sa boutique : *Dépôt unique du véritable Arabigomdulciter de l'Inde*, est capable de vendre six mille bouteilles de sirop de gomme dans une semaine. Que si j'étais charcutier, je demanderais un brevet de dix ans, pour l'importation du suave *tétaporcumgdchis*, et je serais certain de remettre à la mode, pour six mois au moins, le fromage de cochon, aujourd'hui si méprisé. Que si, au contraire, j'étais artiste et homme de talent, si j'étais M. Mazzara, par exemple, je me serais dit : « avoir une bonne idée et la bien rendre, mettre de côté tout amour-propre d'artiste, et faire exécuter par d'autres ce que l'on a conçu, tout cela n'est chose suffisante; les tableaux que j'exposerai seront pour les amateurs; mais il me faut un appât pour les curieux; cherchons un mot! » Et ce mot eût suffi peut-être pour donner la vogue à un établissement qui ne jouit encore que d'un succès d'estime.

L'établissement de M. Mazzara est un nouveau champ ouvert à nos peintres de paysages. Espérons que le nombre des tableaux qui doivent composer chaque exposition, sera un motif de plus pour achever de nous délivrer de cette espèce de peinture appelée *paysage historique*, genre faux de tous points, et antipathique à notre exigence actuelle : *le vrai dans les arts.*

Ce serait une grande erreur que d'en croire M. Mazzara sur parole, et de penser que son établissement, *sans nom*, ne se compose que d'une vue d'Alexandrie. Ce tableau, exécuté avec talent par M. Isabey, d'ailleurs morceau capital de l'exposition, est accompagné de sept autres tableaux d'une moindre dimension, formant la série complète des points de vue les plus remarquables que le voyageur rencontre sur sa route en allant de Naples à Alexandrie. Plusieurs sont remarquables, ou du moins nous font bien augurer des expositions suivantes. On les doit à MM. Saint-Aulaire, E. Isabey, Storelli, Viard, Tanneur et Ciceri.

Si vous voulez que je vous explique en quelques mots par quel artifice ingénieux M. Mazzara est parvenu à tracer sur une surface plane la vue complète d'une grande ville, tandis que le Diorama n'en peut montrer qu'un point, et le Panorama, que les toits et les cheminées, prêtez-moi six lignes d'attention.

Supposez que M. Isabey se soit placé, pour peindre son tableau, au centre d'une toile cylindrique, et qu'il ait exécuté son travail sur la surface intérieure; supposez encore que l'on coupe ce cylindre de bas en haut, et qu'on étende la toile, ainsi coupée, derrière un cadre; placez-vous en face de ce tableau : tout l'effort d'imaginative qu'il vous reste à faire, c'est de vous croire placé au centre de la peinture. Mes explications ne vous paraissent-elles pas claires? je ne puis vous dire qu'un mot : *allez voir.*

Quelques rigoristes en perspective donneront à cette innovation le nom d'irrégularité, et peut-être la paieront-ils d'un sobriquet moins poli ; pour nous, moins exigeans nous sommes fort reconnaissans des peines que prennent les artistes pour créer des jouissances nouvelles ; nous nous rappelons les vues à *vol d'oiseau* bien plus irrégulières encore, et qui pourtant avaient cela de bon qu'elles donnaient une idée fort claire de l'objet représenté. Au reste, le tableau de quarante pieds, peint par M. E. Isabey, nous semble entaché du même vice qui dépare le talent de presque tous les peintres modernes, à l'exception de Géricault, de Delacroix et de Martin : il est petit.

VOYAGE A ALEXANDRIE.

(Extrait des Petites Affiches omnibus du 15 avril 1830.)

Paris est pour un riche un pays de Cocagne :
Sans sortir de la ville, il trouve la campagne ;
Il peut, dans son jardin tout peuplé d'arbres verts,
Receler le printemps au milieu des hivers,
Et foulant le parfum de ses plantes fleuries,
Aller entretenir ses douces rêveries..., etc.

Ainsi s'exprimait le satirique Boileau vers 1660, lorsque commençaient les merveilles du règne de ce grand Roi, pour qui seul il savait formuler la louange !... Qu'eût-il dit de nos jours, s'il eût vu s'élever tous ces Panorama, Néorama, Carporama, Panstéréorama, Peristréphorama, et surtout ce Diorama, au-delà duquel l'art de la peinture et de la perspective ne peuvent plus guère aller !... Il se serait écrié que sans sortir de Paris, un bon bourgeois peut aujourd'hui parcourir le monde en *Citadine*, contempler les sites les plus admirables, et recueillir presque tout l'agrément et toute l'instruction des voyages en doublant seulement quelques coins de rues. Il se serait fait alors apporter l'univers, pieds et poings liés, sous le verre de sa lorgnette, et il eût trouvé facilement quelques peintres de mérite qui lui auraient sans peine roulé sur une toile et transporté à Auteuil, montagnes, volcans, forêts, mers, précipices, enfin la nature entière avec ses beautés et ses horreurs.

Voici par exemple une entreprise qui, sous ce rapport, doit obtenir un grand succès.

Vous arrivez du boulevard de Gand ; vous passez devant les glaces panachées de Tortoni, devant cette rue d'Artois, où est le rendez-vous israélite des écus de la chrétienté ; vous longez et le café Riche et le café Hardi, et cet infernal *Pandæmonium* du libraire Mongie, où sont entassées sur des rayons ces âmes damnées de Voltaire, de J.-J. Rousseau et autres diables incarnés, en basane, en veau, en maroquin, en cuir de Russie ; bref vous touchez au coin de la rue Lepelletier, et là vous ouvrez les yeux..... Qu'apercevez-vous ?

Seraient-ce par hasard ces deux fanaux qui indiquent que l'Opéra n'est pas loin ? Non !... Plongez dans cette rue jusqu'au fond, et vous apercevrez d'abord au loin un échantillon de la province, la butte Montmartre en perspective ; puis sur un plan plus rapproché un long tableau avec cette suscription : *Musée cosmopolite.*

Là vous trouverez de l'Italie, de la Méditerranée, de la Sicile, de la Crète, de l'Égypte, et tout cela dans l'espace de quelques toises ; HUIT TABLEAUX, que dis-je ? huit perspectives charmantes s'offriront à vos regards !... Et qu'on ne s'imagine pas que ces petits chefs-d'œuvre soient dus à des écoliers. Quelques-unes de ces toiles savantes sont signées Cicéri et E. Isabey.

N'attendez pas, du reste, que je vous promène dans l'île de Capri, à l'entrée de *la baie de Naples*, dans cette île où l'aimable Hudson Lowe fit ses premières armes et préluda à l'emploi de bourreau; n'attendez pas que je vous fasse voir et la cime du Vésuve, qu'on vous a déjà fait fumer dans la *Muette de Portici*, et la trombe d'eau qui menace d'engloutir ce vaisseau au bas du volcan Stromboli; je ne veux pas non plus vous baloter de Charybde en Scylla au pied de ce phare de Messine que dore le beau soleil d'Italie; je ne vous mènerai pas davantage dans l'île de Malte, parce que depuis le marquis de Bonaparte, lequel fut certes le plus grand de tous les marquis du monde, un Français ne peut guère y entrer que vainqueur; je me contenterai de vous faire sauter à pieds joints par-dessus l'île de Candie et par-dessus le berceau de M. Jupiter qui, comme on sait, fit entendre ses vagissemens vers le mont Ida, et je vous débarquerai à Alexandrie d'Égypte, vous priant d'y stationner quelques instans avec moi.

Au premier coup-d'œil, on retrouve à l'horizon ce ciel du désert, ce soleil desséchant de l'Afrique qui ne fait de cette contrée qu'un bloc de sable aride et décharné; on sent cette exhalaison brûlante de la Lybie et du Sahara peser sur soi, sur cette Alexandrie qu'on a devant les yeux; tous ces lieux parlent à nos souvenirs; on y reconnaît et la colonne de Pompée et les obélisques de Cléopâtre; on y lit les exploits des Bonaparte, des Kléber, des Menou, des Cafarelli; en un mot, on revoit cette cité antique telle que la refait tous les jours un autre Français, Méhémed-Ali, le pacha actuel.

Après cet imposant tableau, l'attention semblerait

devoir être épuisée; cependant MM. Ciceri et Tanneur ont trouvé moyen de la raviver par deux autres morceaux très remarquables : *les Bains* et *les Catacombes de Cléopâtre.* Dans le dernier, surtout, on distingue un effet de lumière produit par un flambeau sur les parois des voûtes, et cet effet inattendu produit une agréable surprise au milieu de l'obscurité qui couvre ce tableau presque tout entier.

En définitive, qu'il se fasse dans Paris beaucoup de collections aussi belles, aussi intéressantes, et chaque Parisien, à l'instar de ce bambin qui voulait avoir la lune réfléchie dans un seau d'eau, pourra avoir devant ses yeux et presque dans sa main tout le globe de la terre considéré sous toutes ses faces !... Ce sera, ma foi, bien agréable; mais aussi cela pourra faire beaucoup de tort à la galiote, je me trompe, au bateau à vapeur de Saint-Cloud !...

ALEXANDRIE EN ÉGYPTE.

Extrait du journal LE VOLEUR, du 15 mai 1830.

> ..... Combien nos douleurs sont peu de chose,
> comparées à ces calamités qui frappent des nations
> entières, et qui avaient étendu sous nos yeux les
> cadavres de ces cités !
>
> Ils ne comprirent rien aux débris qu'ils avaient
> sous les yeux ; moi, je m'étais déjà assis, avec le
> prophète, sur les ruines des villes désolées, et
> Babylone m'enseignait Corynthe.
>
> (CHATEAUBRIAND, *Martyrs.*)

« ...... Quelle est donc la magie de la gloire ? Un voyageur va traverser un fleuve qui n'a rien de remarquable ; on lui dit que ce fleuve se nomme Sousoughirli, il passe et continue sa route ; mais si quelqu'un lui crie : c'est le Granique ! il recule, ouvre des yeux étonnés, demeure les regards attachés sur le cours de l'eau, comme si cette eau avait un pouvoir magique, ou comme si quelque voix extraordinaire se faisait entendre sur la rive. Et c'est un seul homme qui immortalise ainsi un petit fleuve au désert ! Ici tombe un empire immense ; ici s'élève un empire encore plus grand. L'océan indien entend la chute du trône qui s'écroule près des mers de la Propontide ; le Gange voit accourir le léopard aux quatre ailes (Daniel) qui triomphe aux bords du Granique ; Babylone, que le roi bâtit dans l'éclat de sa puissance (Daniel), ouvre ses portes pour recevoir un nouveau maître ; Tyr, reine des vaisseaux (Isaïe), s'abaisse, et sa rivale sort des sables d'Alexandrie (1). »

Ce que l'on a ici sous les yeux, produit un étonnement non moins grand, cause un ébranlement non moins profond que celui qui agita l'âme du poète en traversant le Granique. Une langue de terre étroite, qui s'épanouit et se bifurque comme le dard d'un serpent, en s'allongeant assez avant dans la mer et portant quelques habitations de construction barbare et de mauvais goût ; deux vastes baies qui s'étendent et s'arrondissent de chaque côté, entre les flancs de cette presqu'île et les bras de la terre-ferme, et se closent à leur double ouverture par des forts en ruine ; quinze mille Turcs, Arabes, Cophtes, Juifs, esclaves et mendians qui circulent dans des rues sales, étroites et sans pavé ; plusieurs milliers de chiens immondes et dégoûtans de férocité, chargés du nettoiement et de l'assainissement de la cité : voilà la ville fameuse d'Alexandre ; les fléaux et les plaies d'une ancienne maîtresse des nations ; le fumier sur lequel l'antique Job est assis ! Il faut, pour ainsi parler, se réveiller en sursaut de l'Alexandrie que l'on a sous les yeux, pour

---

(1) Châteaubriand, *Itinéraire.*

retrouver l'Alexandrie des anciens qui remplit l'imagination. Il faut secouer ce pénible cauchemar qui vous attache si douloureusement à cette couche de mort d'une grande cité, pour voir là cette reine des vaisseaux; dont le conquérant s'était complu à opposer les grands bruits au silence de Tyr, qui se tut sous sa main au milieu de la mer : *Quæ obmutuit in medio maris.*

Mais à peine êtes-vous resté quelques instans devant ce panorama, exécuté d'après des idées nouvelles, que le dôme des cieux s'exhausse, l'horizon s'étend, le sol s'agrandit, les sables se multiplient. L'illusion vous gagne, vous saisit par degré, et devient tellement complète, que ce n'est plus devant une toile et des couleurs que vous êtes placé, vous êtes en Afrique, en face d'Alexandrie même. Vous êtes sous le charme et les impressions du savant voyageur Mazzara, qui vous a transformé en homme de l'Orient. Quelque chose de la Thébaïde et de la vie des Pères du désert se passe en vous. Entouré d'une mer de sable, la coupole d'un ciel uniforme et embrasé sur la tête, se reposant, pour ainsi dire, du soin de s'agiter et de vivre, et n'ayant que Dieu pour spectacle, on sent au-dedans de soi qu'ici l'homme est né contemplateur : c'est la patrie de la prière et de la méditation. Les mélancolies y découlent du cœur de l'homme comme les hautes pensées de ces sources de sable, comme les adorations de ces fleuves de lumière. Et, en effet, ce n'est pas le tumulte, le mouvement d'une innombrable population que l'on vient consulter ici ; mais le silence d'une métropole du monde, qui se tait aujourd'hui de tout le bruit qu'elle a fait entendre autrefois, de toutes les voix que l'imagination voudrait retrouver sur ce théâtre de grands siècles : vaste abîme que l'histoire a creusé, et que l'histoire tout entière des hommes suffirait à peine à combler.

Alexandrie est une de ces ruines, où le sage vient s'asseoir dans le recueillement, comme un ancien prêtre du Nil, témoin de la marche effrayante des sables du désert ; où la voix religieuse et profonde du voyageur explique déjà comme une langue savante et des mythes sacrés, les malheurs de cette terre en deuil, ces combats d'Osiris et de Typhon, du génie de la fécondité et du génie de la destruction. Malheurs un moment encore reconnaissables, mais que bientôt l'homme n'entendra plus, et rejettera parmi les absurdités de quelque ancienne fable et les monstrueux caractères d'une langue hiéroglyphique.

Portez le regard à votre gauche, vers le midi, où sont les restes les plus apparens de la ville des Ptolomées et des espaces sans bornes. Pour comprendre toute Alexandrie, il faut aller s'établir à ses portes dans le désert. Le désert !... au pied des murs d'une cité qui a renfermé jusqu'à trois millions d'habitans !... L'œil de l'Européen, en abordant ce sol étrange, sent déjà qu'il manque de puissance, de jalons, de repos, pour mesurer ces profondes solitudes. « Et Dieu appela l'*aride* terre (Genèse). » Ici l'*aride* n'a pas encore reçu de nom de l'Éternel ; l'homme seul, sur ce petit coin d'un vaste continent, s'est efforcé, pendant des siècles, de devancer la *parole :* voyez ce qui reste de sa *création !* avec quel effrayant empressement l'*aride* remarche

à la conquête des œuvres de l'homme! Sont-ce là véri-
tablement les *générations de la terre...* (Genèse)? Ici,
la terre dispute aux mers le droit d'élever des dunes et
des montagnes de sable, et le souffle des vents suffit à
changer la face des empires. Quelle désolation! quelle
tristesse! quelle muette horreur!.. Ici les dépouille-
mens de l'homme ne sont pas moins profonds, moins
incroyables que les dénûmens et les aridités du sol!
Pour offrir une harmonie digne du désert, il ne fal-
lait pas moins, en effet, qu'une telle Alexandrie, jetée
comme en broderie sur un pan de son vaste et sombre
manteau.

Voilà bien l'Alexandrie des *barbares* avec ses milliers de colonnes abattues et employées aux plus vils
usages; celle du *marteau* et du *niveau*, dont le prophète écrase et nivelle les cités, au temps de Babylone
et de Ninive; celle de la solitude, du silence et de la
mort; celle des Turcs. Mais où est cette Alexandrie,
quoique déjà profondément déchue de ses splendeurs
premières, témoignant encore de ses origines devant
l'Arabe Amrou-Ben-Aas, qui la conquérait sur les Romains? Cette ville, représentant encore à elle seule
Memphis dans ses quatre mille palais, Rome dans ses
quatre mille bains et ses quatre cents cirques; la vallée
féconde de l'Égypte dans les douze mille jardins qui
formaient sa ceinture; la Grèce dans cette fameuse
bibliothèque qui faisait son plus bel ornement, cet
énorme amas des connaissances humaines, qui périt
dans les flammes, faute de pouvoir entrer dans l'étroit
Koran? Où est l'Alexandrie des Lagides? Celle que le
célèbre architecte Dinocrates, qui s'était essayé dans

la réédification du temple d'Éphèse, avait bâtie comme
le temple immense et magnifique du commerce de la
terre? Celle que voulait habiter le conquérant qui
trouvait un monde trop étroit pour le contenir? Où
est la cité, héritière de deux vastes cités, ses aînées,
cette Alexandrie, qui n'était autre que la Thèbes aux
cent portes et Memphis, portées successivement sur
le cours des siècles et du Nil, et venues baigner et ra-
jeunir leurs pieds monstrueux de granit dans les flots
d'une mer industrieuse, et sous le ciseau savant des
Grecs et des Romains?

Où est....? La pensée recule, vraiment effrayée, devant tant de ruines et de destruction? Où est même
la Nécropolis d'Alexandrie, cette ville éternelle des
morts, que l'Égypte établissait toujours à côté de ses
métropoles, ces hôtelleries d'un jour, comme elle les
appelait?.... Comme les monumens dérobés à cette
antique Égypte, et qui remplissent de leur présence
les places vides de nos cités d'Europe, où rarement
nous savons mettre quelque chose de grand qui nous
appartienne, la Nécropolis de l'ancienne Alexandrie
sert à combler l'immense capacité des ports de la nouvelle Alexandrie avec de la poussière humaine et des
ossemens de héros. Creusés dans les rochers qui bordent la mer, ces hypogées et ces dépôts de momies cè-
dent aux flots de la mer qui les visite et les ronge
chaque jour. Les bandelettes qui habillent ces générations éteintes, l'or en feuille qui recouvre la face
royale des fils de Cléopâtre, viennent chaque jour s'ac-
coler aux innombrables feuillets d'une histoire impérissable que l'Océan écrit sur ces mêmes rivages. Autre

langue sacrée, autres *hiéroglyphes* que viendront expliquer, dans la suite des âges, quelques naturalistes géologues, prêtres de la science de la terre. C'est sur ces mêmes attérissemens, sur ce sol cadavéreux, que les Turcs, qui ont l'instinct de toutes les destructions, ont établi leur squelette de cité, véritable ville des morts, où les hommes pourrissent de la peste et de la servitude.

C'est un spectacle et un enseignement vraiment imposant, que celui de ces cités en ruines, employées par un doigt mystérieux à nous apprendre notre néant. Et, sans détacher nos regards des flots que nous avons devant nous, quelle leçon grave que ce dénombrement que l'on peut faire de cités désolées qui bordent une seule mer : cette Alexandrie ! cette Jérusalem ! cette Tyr ! cette Troie ! cette Athènes ! cette Rome ! cette Carthage !... et les reines de cette cour, de ce cercle auguste, ayant chacune leur physionomie, leurs traits frappés de stupeur, leurs tristesses et leurs lamentations diverses, leur cachet, leur sceau de malheur imprimé sur le front et frappé à un coin différent ! Et chacune de ces filles d'un même néant, ayant ces profondes solitudes, ces éternelles absences qui se sont faites autour d'elles ou au-dedans d'elles-mêmes : solitude de vaisseaux à Tyr ! solitude de foi mosaïque à Jérusalem ! solitude de liberté à Rome ! solitude d'existence à Carthage !... Tombeaux de grands peuples se regardant d'un rivage à l'autre de cette mer, comme de leurs sépulcres violés et ignorés, l'urne d'Alexandre et l'urne d'Achille se regardent aujourd'hui, vides de leur poussière et de leur nom !... et toutes les cités ne laissent même pas, en tombant comme Alexandrie, une colonne de Pompée debout, où la pensée rêveuse de l'homme puisse se réfugier ; où quelque solitaire, quelque Simon stilite se puisse asseoir sur un chapiteau, détaché de la terre et méditant Dieu !

Mais un coup de canon, dont nous voyons la fumée du côté du fort Marabou, nous enlève tout-à-coup aux douloureuses méditations des temps passés ; et réveille d'autres souvenirs, des souvenirs récens, chers et sympathiques, qui font battre comme le nôtre tout cœur enthousiaste et français. Sur ce rivage, une brillante et mémorable expédition se montre placée entre deux siècles, l'un qui finit et l'autre qui va s'ouvrir (1); entre deux mondes, l'Occident et l'Orient, comme pour éclairer à-la-fois tous les lieux et tous les temps. Salut aux inspirations du génie ! salut à la France nouvelle ! Sans doute elle aborde avec de grandes pensées cette terre classique de la pensée. Oui, avec de grandes pensées, de grands besoins à satisfaire, de grandes destinées à remplir.

Quel bruit prodigieux ne fait point ce pas gigantesque des entreprises de la patrie. Le retentissement du premier coup de canon tiré par elle sur la plage d'Alexandrie, porte soudainement son nom sur les routes de Babylone et des Indes, de Carthage et de Méroë, comme il avait déjà éclaté ce nom, sur les voies de Rome et de Saint-Pétersbourg, de Londres et de Phi-

---

(1) La flotte et l'armée françaises, aux ordres de Bonaparte, arrivèrent devant cette place le 1er. juillet 1798.

ladelphie. La France en armes force, avec le ton du commandement, le monde entier à l'attention. De quel jet prodigieux l'éloquence militaire, *ce courage parlé*, allait grandir sur cette terre de souvenir et d'étonnement, en présence de ces colosses de l'antiquité, dans ce frottement électrique de deux mondes! Nous croyons entendre Napoléon en sautant au rivage :

« Soldats! debout; aux armes : je vous mène ce soir coucher dans le camp de César, près des palais de Pharaon.

» Général Bon! allez bloquer le *fort triangulaire*, le phare de Ptolomée! Jadis une des merveilles du monde, ce phare fut toujours allumé pour de grandes choses : il y a deux mille ans, il illuminait la mer ; soldats ! c'est notre gloire qu'il illumine aujourd'hui.

» Vous, attaquez le fort Marabou : délivrons l'Égypte d'Omar. Nous rapporterons de France la Bibliothèque qui manque ici.

» Kléber! le centre de l'armée à la colonne de Pompée. Marchez à l'ennemi, grands! comme ces géans dont vous foulez la cendre. Que l'ennemi tombe foudroyé de la balle et du nom de Pompée. Que ce vieil aigle du Capitole reconnaisse plus d'un Romain dans les volontaires de l'armée d'Italie qui tomberont aujourd'hui près de son urne. Je donne pour sépulture à ces braves, la terre de Pompée ou le tombeau d'Alexandre. Mon épée écrira leurs noms sur ce granit impérissable....... »

Kléber tombe-t-il frappé au pied de la colonne gigantesque ?... « C'est la vaste tête rendue au tronc de la victime de César, » aurait pu s'écrier l'armée qui triompha sous lui à Héliopolis, s'il eût succombé devant Alexandrie.

Quelles grandeurs passées et quelles grandeurs présentes, agite et met aux prises le premier pied français qui s'élance au rivage de cette antique Égypte : ce sont les cinquante fils de Priam et leur cent mille guerriers, se levant à la nouvelle que l'armée des Atrides est descendue sur leurs bords ; c'est une lutte de grandeur à grandeur, un combat de noms à noms, de gloire à gloire, d'Ajax à Hector, de Mars à Pallas ; une Iliade de souvenirs et de rapprochemens, que dix années ne suffiraient pas pour pousser à fin comme la guerre de Troie !

Ici, le soldat de l'Europe, l'homme de la moderne civilisation, vient apprendre la vie de l'homme des anciens jours et l'hospitalité originelle sous la tente antique de l'habitant du désert. Le sel et le gâteau cuit sous la cendre, attendent au foyer le soldat français, comme il y a trois mille ans ils attendaient Ismaël ou Abraham. Ou plutôt, ce mobile acteur qui a déjà porté la gloire du pays sur tant de théâtres, vient promener sa tente des Alpes, du Rhin et du Pô, au milieu des tentes du Mokatam, des bords de la Mer-Rouge et des cataractes du Nil. La même armée qui a son centre aujourd'hui à la colonne de Pompée, à quelques jours de là, appuiera l'une de ses ailes aux Pyramides, et peu après au Thabor et aux portes de Jérusalem. Pompée et Chéops !..... Chéops et Moïse !.....

ces grands noms et le grand nom de Napoléon, quels rapprochemens!....

La France poétique et savante, méditant des chants graves et une poésie inspirée de la science, aborde où abordèrent Platon, Pythagore et Homère. La France législatrice, et refaisant ses institutions, aborde et reviendra, où abordèrent et d'où revinrent comme elle, Solon, Lycurgue et Moïse, le double rayon sur le front, et les tables de la loi dans les mains... Cette longue file de sages, alignés sous l'épée d'un grand capitaine, rouvrait la trace du long pèlerinage des Indes, et s'enfonçait à l'horizon des connaissances les plus profondes et les plus lointaines. Ils marchaient, comme leurs immortels devanciers, à la postérité la plus reculée, par la voie la plus ancienne comme la plus durable qu'aient foulée les hommes, par une véritable voie Appienne, conduisant à la Rome éternelle de la science.

Ils allaient, comme vous avez été vous-même, noble et savant Mazzara, voyageur infatigable lancé depuis dix années sur la même voie, ils allaient lire quelques-uns de ces merveilleux enseignemens que l'épée de Cambyse n'avait pu effacer tout entiers aux murs des temples de cette docte et religieuse Égypte. Ils allaient étudier... ce que la religion y avait de physique et la morale d'intellectuel ;... les exemples des aïeux établis comme des lois, et ces règles à leur tour devenues des actions ;... ces générations toutes contemporaines, car elles faisaient les mêmes choses ;... ces hommes comme oubliés dans les rangs de la vie, et impérissables après leur mort, par les monumens dressés à leur mémoire... Ils allaient, Isaïe ou Ézéchiel à la main, passer en

revue ce peuple couché dans l'Égypte souterraine, autour du sépulcre de Pharaon. Ils allaient sonder les
entrailles et les reins de cette forte mère, qui conserve
encore tous les fils qu'elle a portés dans son sein ; de
cette Égypte desséchant les restes de l'homme, comme
elle desséchait ses marais pestilentiels, conquérant des
provinces entières, comme des générations sans nombre, sur la maladie et la mort. Prodige de législation !
le culte des ancêtres, la religion des souvenirs, servant
en même temps à la conservation des neveux! Les vi-
vans s'embaumant, pour ainsi dire, des aromates qui
conservaient les morts à leur amour. Pharaon et son
peuple, du fond de leur sépulcre, conjurant la peste,
dont l'Égypte malade ne saurait se désinfecter aujour-
d'hui, quoique étendue sous ce même soleil, abattue
sur ces mêmes couches de *natrum* qui desséchaient et
purifiaient les chairs des aïeux!... Ils allaient à la découverte de la route qu'avaient tenue au désert les
vaisseaux de Cléopâtre fuyant devant la victoire d'Ac-
tium, et traversant l'isthme de Suez... Ils allaient jeter
la sonde aux mers qui avaient porté peut-être l'énorme
vaisseau de quatre cents pieds de Sésostris, et avaient
englouti les chars et les guerriers de Pharaon. Ils allaient plonger l'œil de l'épouvante aux profondeurs de
ces ténèbres enflammées du Simoun, qui changent les
eaux en sang, et couvrent l'Égypte entière d'une *plaie*
qui se renouvelle d'année en année depuis Moïse. Ils
allaient mesurer la hauteur de cette colonne de flamme
et de fumée qui marche encore au désert à la tête de
toutes les caravanes de pélerins de la Mecque, comme
devant l'armée de l'antique Israël.

Ils allaient...... Comment suffire à ce que j'aurais à dire et à raconter d'eux ? La France tout entière, dans les trente mille représentans de sa gloire, venait comparer sa haute stature avec celle de cette colossale Égypte. En mettant le pied sur cette terre, elle abordait pour les mesurer avec les siennes, les anciennes splendeurs des Pharaons et des Perses, des Macédoniens et des Romains, des Arabes et des Ottomans. La France conquérante marchait à travers les sables du désert, pour aller prendre les oracles de sa grandeur future au temple d'Ammon, et recevoir le nom de fille de Jupiter et de l'immortalité, comme Alexandre. Sous le compas de nos sages, et, pour ainsi dire, dans leurs mains toutes pleines de science, les merveilles du monde allaient se confronter dans ce lointain pélerinage. La vaste place Louis XV, ayant pour avenues ses Champs-Élysées, ses quais, ses ponts sur la Seine, ses palais Bourbon, ses Garde-meubles de la couronne, son temple de la Madeleine, les Tuileries et le Louvre de ses anciens rois, avec leurs jardins, leurs carrousels, leurs longues galeries, leurs magnifiques colonnades; cette place, ainsi entourée, venait s'orienter et établir ses comparaisons, au milieu des avenues de sphynx et de béliers colossals, au milieu des immenses pylônes, des obélisques, des forêts de colonnes, des palais, des temples de la cité royale de l'Égypte, bâtie sur le Nil. Parée de cent édifices merveilleux qu'elle porte dans son sein, Paris venait, avec orgueil et curiosité, visiter Thèbes aux cent portes, comme deux mères se montrant leurs nourrissons. Le Louvre des Médicis, l'hôtel royal des Invalides de

Louis XIV, le Champ-de-Mars des immortels La Fayette
et Bailly, venaient s'enquérir des hypodrômes de Sésostris, des tombeaux d'Osymandias, des palais de Memn-
non. L'église de Saint-Pierre de Rome se plaçait tout
naturellement, avec sa croix élevée dans les cieux et la
merveille de son immense vaisseau, à côté des immenses
tombeaux de *Chéops* et de *Chéphrenès*. Le dôme et la pyramide venaient mesurer leurs deux mondes séparés ; et
quelque Michel-Ange futur méditait déjà peut-être d'exhausser son église européenne, sur la prodigieuse colon-
nade du temple oriental de Thèbes. Les grands capitaines
de l'Occident venaient essayer des mots d'Europe au
pied des monumens d'Orient, et donner pour base au jet
de la pensée moderne, la large pyramide des anciens
temps. L'aigle religieuse et emportée de Bossuet, venait
mesurer la largeur de son vol, avec le vautour aux ailes
démesurées qui protége l'entrée des temples d'Égypte
élevés à la majesté de Dieu : Moïse était député de nouveau vers Pharaon, et la verge d'or d'Aaron allait recommencer ses luttes et ses prodiges. L'antique serpent
d'Hermès et de la sagesse, sorti des temples d'Égypte,
après avoir ceint la terre de l'orbe de son corps, venait
mordre sa queue et renouer sur le Nil l'emblème de
l'éternité. Toute retentissante, comme le bronze so-
nore des combats, des mille voix de ses récens triomphes en Italie, la France voulait désormais le trépied
du prophète, pour exhausser sa gloire et jeter ses destinées sur un plan plus élevé. Le Sinaï, la Mecque et
le Liban, n'étaient pas trop hauts, pour une reine des
nations voulant parler désormais aux Indes comme à
l'Angleterre, des sommets escarpés d'une montagne et

d'une pyramide de trophées; n'étaient pas trop élevés, pour des héros qui voulaient, dans les fastes de nos temps modernes, s'appeler Pharaon, Moïse et Mahomet, aussi bien qu'Empereur, Bonaparte et Napoléon. En jetant l'ancre dans les mouillages d'Alexandrie, le vaisseau de Bonaparte attachait l'anneau qui allait joindre la moderne Europe à l'antique Orient : hymen qui aurait paru monstrueux, si un tel colosse d'homme n'eût entrepris de le consommer.

Oui, sans doute, Napoléon avait abordé cette terre classique de la pensée avec de grandes pensées, comme parle Bossuet. Il avait déjà vu l'Egypte du haut de ses triomphes d'Italie : les succès allongent singulièrement la vue du génie. Et il y avait bien de quoi tenter une grande et généreuse ambition! Ici, sans sortir d'Alexandrie, depuis la colonne triomphale jusqu'à la pierre du tombeau, tout parle encore de domination de la terre, tout a été mesuré sur la grande échelle de la monarchie universelle. Colonne de Pompée, aiguilles de Cléopâtre, dans cette Égypte, patrie des colosses, les noms d'hommes s'écrivaient avec l'obélisque ou la colonne gigantesques. Alexandrie, avec sa terre déserte, est elle-même une page magnifique qui se reproduit dans plus d'une histoire de monarque, de législateur ou de conquérant. Ici, trois continens s'embranchent, se nouent en quelque sorte sur un trépied, comme pour y recevoir le trône d'un monarque du monde. Ici, depuis l'Hercule oriental jusqu'à Alexandre, depuis Osiris jusqu'à César, depuis Sésostris jusqu'à Omar, tous les hommes ayant foi en leur génie et leur épée, ont sacrifié à la monarchie universelle. Mais, hélas ! il ne reste aujourd'hui sur l'autel , jadis brûlant du souffle de tant de conquérans, que cette cendre rougeâtre , vingt fois remaniée et recuite au feu des volcans et aux flammes de la conquête. Comme ces énormes débris de statues couchées sur la terre, et portant, dans de fastueuses inscriptions , des défis à l'éternité et à la main jalouse des hommes, ces colosses de pierre représentant les Pharaons de l'Égypte ou plutôt leur orgueil , malheureuse cité d'Alexandre, tu peux faire écrire sur ta croupe qu'on entrevoit encore au-dessus des sables du désert :

> Je suis Osymandias, Roi des Rois.
> Si quelqu'un veut savoir quel je suis et où je repose ,
> Qu'il détruise quelques-uns de mes ouvrages !

Eh bien ! une main puissante voulait te dégager des sables et des cendres de ta ruine , et rendre à son antique splendeur la reine des vaisseaux et du commerce. Londres avait ici sa rivale naturelle , et sa rivale avec l'Égypte entière, n'eût été pourtant qu'une province française. Orgueil britannique que devenais-tu ? La fortune de l'Angleterre , portée aux extrémités des mers, allait reculer devant la fortune de la France , de tout l'espace que l'océan a mis entre les Indes et les Trois Royaumes : le phare de Portsmouth et de Calcutta s'éteignait dans Alexandrie :

> Soldats sous Alexandre et rois après sa mort !

Le grenier de l'ancienne Rome s'ouvrait pour la nouvelle Rome. Ces longues caravanes de chameaux, signalées aux Pyramides comme les flottes et les vaisseaux du désert , allaient nous enrichir des trésors de leurs lointains voyages ; elles auraient abordé , pour ainsi parler , dans nos comptoirs. L'Égypte devenait un bazar de la France , où l'Abyssinie , le Darfour , les royaumes de Fez , de Maroc , Alger , Tunis , l'Arabie , la Syrie..... auraient acheté les produits de notre industrie. L'Orient , en retour , eût versé , à peu de frais , par le canal de la Mer-Rouge , et l'isthme de Suez coupé par son *canal des Rois* , les productions de ses climats , dans nos ports de la Méditerranée : la France devenait un marché de l'Inde. Les Indes anglaises tombaient inévitablement devant l'Égypte occupée par nos armes. La prise de Calcutta était dans le canon français qui se serait tiré sur les côtes de la Mer-Rouge , et l'Inde tout entière passait sous l'aile de nos vaisseaux armés à Cosséir. Le cap de Bonne-Espérance retombait dans la solitude de ses vastes mers , comme avant Vasco de Gama , et le géant du Camoëns se rasséyait paisiblement sur le *cap des Tempêtes :* un autre géant , dans cette mémorable expédition d'Égypte , allait déjà placer son blocus continental qui , plus tard , étonna l'Europe , aux rivages des grandes Indes.

Vue en effet du côté de l'Orient comme du côté de l'Occident , Alexandrie est avec Constantinople , une des deux portes ouvertes sur les deux moitiés de l'ancien monde , et par où tout le commerce de l'Europe et de l'Inde devrait passer. Les deux extrémités seules sont animées et vivantes , les croisades , comme guerres religieuses , et les Turcs ont tout tué sur ce milieu du globe. Qui ramènera le cours de la vie détourné de son ancien lit , dans ses canaux naturels ? il ne faudrait pas moins aujourd'hui pour opérer un tel prodige, qu'un fabuleux Yao des Indes, qui fit écouler les eaux du déluge. Tous conquérans ne sont pas de stature à reprendre et porter le poids d'une pensée de Napoléon ou d'Alexandre. C'est une mélancolie de plus, déposée par les siècles sur cette terre de deuil et de tombeaux ; une agitation de plus que Napoléon a portée au désert, et que l'âme du voyageur ira chercher un jour sur ce sol d'Alexandrie, comme elle est venue nous trouver aujourd'hui devant ce tableau, où tout est étonnement et secousse pour la pensée.

Il n'est pas jusqu'aux quatre points cardinaux de l'horizon de ce tableau d'Alexandrie, qui n'ébranlent toutes les puissances du cerveau. Quand tous les points d'une ligne droite se cherchent et s'appellent pour former un méridien, les noms et les siècles semblent se fuir et s'exclure. La ligne du nord au midi, part du *phare des Ptolomées* et va aboutir..... à la *colonne de Pompée !* celle de l'est à l'ouest, part du fort de *Marabou* et va finir... à la *tour d'Antoine* et aux *aiguilles de Cléopâtre !* Il n'est pas jusqu'à ces deux obélisques de Cléopâtre, dont l'un debout et l'autre couché et donnés en présent, l'un aux Anglais, l'autre aux Français, qui ne soient une opposition, une haine, une antipathie ! L'oreille écoute même involontairement, si elle n'entend pas tonner le canon des deux Aboukir, ces deux grandes voix qui proclamaient, à quelque intervalle l'une de l'autre, deux empires, deux souverains, deux royautés : celle de la terre et celle des mers. Jusqu'à cette pierre même, renversée sur un tombeau, *la pierre du témoignage,* seul monument qui marque au désert d'Alexandrie la rencontre du 20 mars 1801 entre les armées anglaise et française, ici tout est choc, tout est lutte prodigieuse : ce n'était pas ainsi que s'abordaient les hommes des *anciens jours!*

ENVOI.

Cette dernière réflexion me ramène à vous tout naturellement, mon cher Voyageur, et me fournit une occasion de vous adresser un mot de remercîment. Je sortais pour la première fois de chez vous, comme la foule que la curiosité y conduit, plein d'enthousiasme pour le bel établissement que vous venez de créer, entreprise qui promet de nous faire jouir du fruit de vos longs voyages et des trésors de votre riche imagination. Quelques mots avaient à peine été échangés entre vous et moi. Aussi, je ne fus pas peu surpris de trouver, en rentrant chez moi, un exemplaire in-fol. du *Temple Anté-Diluvien,* dit *des Géans* (l'une de vos précieuses découvertes), que j'avais feuilleté dans vos salons, et portant une suscription beaucoup trop flatteuse, dont vous aviez accompagné et entouré mon nom. J'avouerai naïvement que c'est un des plaisirs les plus vifs que j'aie ressentis. Amant des vieilles ruines et des lointains souvenirs, à mon tour je ne demande qu'une pierre de votre ruine d'Alexandrie, où je puisse écrire ma profonde estime pour vos immenses travaux. Ce sera notre *pierre du témoignage*, où on lira que deux hommes se sont rencontrés au désert, avec des sentimens de bienveillance et de paix comme aux anciens jours. Du reste, en vous envoyant ces pages, je ne fais que vous rendre ce qui vous appartient : les émotions et les regrets que j'ai essayé d'exprimer, sont dans l'admirable et fidèle vue que vous avez donnée d'Alexandrie, cette ville de féconde et douloureuse mémoire.

G. DESJARDINS.

LE MUSÉE COSMOPOLITE

DE M. MAZZARA ;

LE DIORAMA ET LE NÉORAMA.

(Extrait du journal LE GLOBE du 30 mai 1830.)

TOUTE invention est ordinairement suivie d'imitations et de contre-imitations, ou pour parler sans grimoire, il est deux sortes d'imitateurs : les uns qui se contentent de calquer tout platement ce qu'un autre a inventé, et d'en donner impudemment la contrefaçon ; les autres, à qui la vue d'une découverte donne l'idée de la copier à rebours, pour ainsi dire, d'en prendre le contrepied, et qui se donnent ainsi des airs sinon d'originalité, au moins de contradiction. A ces deux classes d'imitateurs, notre époque voit s'en adjoindre une troisième ; si le nom n'était déjà bien usé, nous appellerions ceux-ci des *éclectiques*. Ce sont des gens qui, cherchant dans l'invention et dans la contre-imitation les qualités les plus saillantes, et par conséquent les plus opposées, se proposent le problème de les concilier, de les coudre, et finissent par en faire une tout de leur façon.

Exemple : Les Panoramas sont perfectionnés, sinon inventés par Prévost il y a vingt ou vingt-cinq ans environ : aussitôt on en fait sur le même modèle, tous plus ou moins médiocres, soit à l'étranger, soit même dans nos provinces. Jusqu'ici nous ne sortons pas de l'imitation pure et simple. Mais viennent deux hommes d'esprit qui se disent : Il faudrait faire un Panorama qui n'en fût pas un ; imiter Prévost en faisant le contraire de ce qu'il fait : ses tableaux sont peints sur une toile circulaire ; peignons les nôtres sur un plan horizontal, et de là le Diorama ; puis, quand on a bien admiré les avantages de cette variante, il y a des gens qui disent : l'invention première avait pourtant son mérite. Alors paraît M. Mazzara, ce problème en tête : Comment contenter tout le monde ? comment faire à-la-fois un Panorama et un Diorama ? comment trouver une toile qui, tout en restant horizontale, soit pourtant circulaire ? C'est chercher la quadrature du cercle, allez-vous dire : eh bien ! non ; la solution était possible, témoin la vue d'Alexandrie au Musée cosmopolite.

Quand vous êtes assis devant ce tableau, vous n'avez besoin ni de tourner la tête, ni même de promener les yeux pour en embrasser l'ensemble ; vous apercevez tout d'un seul regard, et cependant vous voyez les quatre points cardinaux ; aucune portion de l'horizon, soit du côté de la mer, soit du côté du désert, n'échappe à votre vue. C'est vraiment le Panorama d'Alexandrie et de la côte d'Égypte qui s'étale devant vous, et cependant vous êtes en face d'une toile plane, vous êtes assis et ne bougez pas. Cela ne ressemble-t-il pas un peu à de la sorcellerie, et ce M. Mazzara ne vous a-t-il pas l'air de transformer en autant de petits Argus les spectateurs qu'il admet à son Musée? Avant de l'accuser, cherchons pourtant, par charité, si nous ne pourrions pas pénétrer ce mystère.

Lorsque vous vous trouvez au haut d'un clocher ou d'une montagne isolée, ou de toute élévation d'où vous voyez l'horizon s'étendre autour de vous comme un cercle dont vous êtes le centre, il vous est impossible assurément de voir en même temps ce cercle tout entier : vous en avez toujours la moitié pour le moins derrière votre dos ; et, pour tout voir, il vous faut faire volte-face. Mais si vous prenez une longue bande de papier, et que, commençant à dessiner un point de cet horizon que vous avez vis-à-vis de vos yeux, vous changiez petit à petit la direction d'abord de vos regards, puis de votre tête, puis de votre corps, si bien que vous finissiez par faire ainsi le tour de l'horizon, dessinant toujours sans interruption sur votre bande de papier, vous pouvez, en étalant ce long dessin, vous donner le spectacle simultané de tous les points que votre vue tout à l'heure ne parcourait que l'un après l'autre. Si, au contraire, vous rejoignez les deux bouts extrêmes de votre papier de manière à en faire un dessin circulaire, et que vous vous placiez au milieu, vous avez un croquis de Panorama.

Or la toile de M. Mazzara n'est-elle qu'une toile de Panorama étalée sur une surface droite? Non, certes ; car alors le miracle serait plus que vulgaire ; et d'ailleurs vous ne pourriez pas, comme au Musée cosmopolite, saisir tout l'ensemble d'un seul coup-d'œil ;

cette toile serait d'une telle longueur en proportion de sa hauteur, que, pour l'embrasser tout entière, il faudrait s'en éloigner beaucoup, et alors tous les détails disparaîtraient. On serait donc réduit à se promener le long de la toile; et cette promenade parallèle aurait le même inconvénient que la promenade circulaire. Ainsi le problème ne serait pas résolu. Ajoutez que, sur ce dessin, certains objets qui, dans la nature, sont rapprochés ou même conjoints, se trouvent transportés aux deux extrémités opposées. Vous avez commencé votre dessin par la moitié droite de cette petite maison là-bas sur cette montagne, et vous le terminez par la moitié gauche : si vous vous en rapportez au dessin et à vos yeux, il y a vingt lieues entre ces deux moitiés de maison, et il faut de la part de votre esprit un certain travail et beaucoup de complaisance pour vous persuader qu'elles se touchent.

Mais si, à mesure que vous dessinez cet horizon, vous aviez soin de faire converger d'une manière presque insensible toutes les lignes vers un point commun; si, grâce à cet artifice linéaire, vous trouviez le moyen, sans altérer en rien la situation ni les proportions des objets, de les concentrer, et de disposer votre dessin en éventail, pour ainsi dire; si, enfin, vous placiez le spectateur au point de réunion de tous les rayons et comme au manche de l'éventail, qu'en résulterait-il, croyez-vous? Que presque tous les inconvéniens que nous signalions plus haut disparaîtraient. D'une part, il deviendrait facile de donner au tableau une dimension que le regard pourrait embrasser; d'autre part, lors même qu'il existerait encore une solution entre certains objets qui dans la réalité sont juxte-apposés, la distance qui les séparerait serait réduite de beaucoup, soit en fait, soit par l'illusion provenant de la convergence des lignes ; or, c'est là ce qu'a trouvé et ce qu'a exécuté M. Mazzara : c'est ainsi qu'il fait entrer un panorama dans un tableau. Au lieu de nous introduire dans le milieu du cercle, il nous place en dehors ; et, sans presque altérer les angles, il résout le singulier problème de montrer à-la-fois les quatre points cardinaux.

Cette vue d'Alexandrie a été dessinée par M. Mazzara lui-même, d'après les lois de perspective qu'il s'est faites ; mais c'est le pinceau facile et vigoureux de M. Eugène Isabey qui lui a donné l'éclat de la couleur. Toutes les personnes qui ont vu l'Égypte s'accordent à reconnaître la vérité du ton. L'exécution est large et brillante ; peut-être désirerait-on que l'échelle du tableau fût plus grande ; on voudrait au moins se rapprocher davantage des maisons, et dominer sur la ville elle-même au lieu de l'apercevoir dans l'éloignement ; mais le système de M. Mazzara ne lui permettait pas de se placer sur un minaret au milieu de la ville ; il est allé dessiner au haut d'un mât destiné à porter un drapeau et planté non seulement hors de la ville moderne, mais hors de l'ancienne enceinte. En effet, cette convergence des lignes, cette concentration des rayons, dont nous avons parlé, est assez indifférente quand elle n'atteint que des plages de sable ; mais s'il s'agissait de maisons, il en résulterait une espèce de tremblement de terre ; il faudrait les rétrécir, voire même les sacrifier impitoyablement. Au contraire, en se plaçant sur son mât, M. Mazzara, s'il s'est mis dans la triste nécessité d'être rôti par le soleil égyptien, a eu du moins l'avantage de n'avoir à élaguer dans son tableau que des détails insignifians.

La ville tout entière s'étend sous vos regards : plus loin, la grande baie d'Aboukir, les obélisques et les bains de Cléopâtre, puis la colonne de Pompée, le palais des Pharaon, quelques débris de la fameuse bibliothèque, et çà et là des mosquées, dont quelques-unes furent de primitives églises. Et à côté de ces traces de l'antiquité, les traces de Kléber et de ses Français : le fort Cretin, le fort Cafarelli. Des souvenirs de tous les âges, un site superbe, une atmosphère brûlante, tout donne à ce tableau mille attraits pour la pensée et pour les yeux. C'est en petit le digne pendant du Panorama d'Athènes.

Avant de vous conduire à Alexandrie, M. Mazzara vous fait entrer dans un long corridor : là vous êtes à bord ; on vous lève les écoutilles, et vous voyez d'abord les îles Capri et Procida, et dans le fond le port de Naples, que vous venez de quitter. Un peu plus loin, vous passez devant Messine, vous saluez son phare et l'extrême pointe de la terre d'Italie. Vient ensuite l'île de Malte, la petite île de Calypso, et enfin l'île de Candie, l'ancienne Crète, après quoi vous débarquez. Ces petites vues sont un agréable passetemps pour faire la traversée ; mais l'exécution en pourrait être plus parfaite et le coloris plus vrai. Les vues des bains et des catacombes de Cléopâtre laissent beaucoup moins à désirer : ce sont de charmans tableaux d'intérieur. On les doit à MM. Tanneur et Cicéri.

Tel est le *Musée cosmopolite* : c'est dans ce cadre ingénieux que M. Mazzara compte faire passer tour-à-tour une grande collection de dessins qu'il a en portefeuille ; c'est ainsi qu'il nous fera voyager dans toutes les principales villes du monde. En confiant l'exécution de ses tableaux à nos différens peintres les plus habiles, il a réellement ouvert un musée d'un nouveau genre dont l'utilité pour nos arts du dessin ne saurait être contestée. Mais ce qui nous semble devoir surtout recommander cet établissement naissant, c'est qu'il se destine à rester fidèle à la véritable mission de ces sortes de trompe-l'œil. Cette mission, c'est d'instruire, c'est de donner des renseignemens et de faire faire un cours de géographie pittoresque à tant de gens qui ont le malheur d'être paresseux ou cloués à Paris, et qui doivent mourir sans avoir franchi d'autre torrent que les Gobelins, sans avoir gravi d'autres monts que les côteaux de Romainville.

A quoi bon, par exemple, employer tous les appareils de l'artifice et de l'illusion pour donner à des Parisiens une *Vue de Paris prise de Montmartre ?* A moins que vous n'habitiez le Faubourg-du-Temple, montez à Montmartre même, vous aurez plus court chemin que d'aller au Diorama. M. Daguerre, en choisissant un tel sujet, a donc renoncé volontairement à tout but d'utilité ; or rien de mieux que ce dédain quand on fait des tableaux destinés à être encadrés et éclairés comme les tableaux de tout le monde, quand on se lance à l'aventure sur les traces de Claude Lorrain ; quand, en un mot, on fait de l'art pur et sans mélange ; mais ici vous appelez à votre secours des pro-

cédés d'optique, vous empruntez une lumière artifi-
cielle, vous disposez votre toile d'une façon mysté-
rieuse ; en un mot, vous sortez du domaine de l'art
pour entrer dans celui de l'illusion. Votre tâche n'est
donc pas de charmer l'esprit, mais de tromper les sens.
Votre triomphe, ce n'est pas qu'on vous admire, c'est
qu'on soit votre dupe. Tandis que l'artiste doit jeter
sur sa petite toile, non seulement une décoration de
théâtre, mais un drame ; vous, il faut vous contenter
de faire la décoration, l'imagination du spectateur fera
le drame. Or, si vous le transportez dans des lieux qui
sont à sa porte, à quoi bon ? que lui inspirerez-vous ?
vous vous dépouillez à plaisir de votre plus précieux
privilége. Laissez-là vos industrieux appareils si vous
voulez faire l'artiste et lutter avec la nature ; quittez
vos grosses brosses et prenez des pinceaux ; sinon, faites
comme M. Mazzara, représentez-nous des lieux célèbres et lointains.

Toutefois, tel est le talent de M. Daguerre que même
en se privant de sa meilleure ressource, il a su faire un
ouvrage plein d'intérêt. Que ce soit Paris, Londres ou
Florence, peu importe, cette ville que j'aperçois là-bas
dans la vapeur est vraiment à une lieue de moi ; je puis
entrer dans ce moulin à vent là-haut vers ma gauche ;
si je fais un pas, mes pieds vont s'enfoncer dans ce
sable. Ajoutons qu'en peignant ce tableau, M. Daguerre a rejeté, peut-être avec intention, tous les prestiges de lumière qu'on emploie d'ordinaire dans les
dioramas. Il a voulu faire de la peinture plutôt que de
l'illusion : on peut dire que cette vue de Paris est une
étude d'après nature faite sur un immense chevalet ; et

quant à cette *scène de déluge* qui lui sert de pendant, ce n'est pas non plus un *Diorama*, c'est un *Salvator Rosa*. Rien de plus poétique, de plus hardi, de plus imposant que cette composition : ces eaux qui se précipitent, cette trombe qui éclate, ce ciel entr'ouvert, ces rochers ruisselans, tout est groupé, tout est peint avec feu, avec l'imagination d'un véritable artiste. Nous n'aurons donc pas le courage de reprocher davantage à M. Daguerre de s'être servi de ses toiles de quarante pieds pour nous donner une étude et un rêve de paysagiste, au lieu de nous transporter devant quelques monumens célèbres, ou sur quelque champ de bataille. Le succès doit l'absoudre ; mais qu'il ne s'en autorise pas pour recommencer ; nous ne saurions trop lui conseiller de songer désormais moins à exciter notre admiration, qu'à satisfaire notre curiosité.

Quant au Néorama de M. Allaux, c'est encore une variante des anciens Panoramas, mais variante ingénieuse et d'une utilité très grande à nos yeux. Jusqu'ici la représentation complète de l'intérieur d'une église était chose presque impossible : la plupart des églises, comme on sait, sont coupées entre la nef et le chœur par une nef transversale qu'on nomme croisée : or, dans tous les dessins soit de la nef, soit du chœur d'une église, vous n'apercevez rien de la croisée ; et, reciproquement, si c'est la croisée que le dessin réprésente, le chœur et la nef vous sont entièrement cachés. On se souvient d'avoir admiré au Diorama des vues d'églises qui ne laissaient rien à désirer pour la beauté de la perspective et la vérité des tons ; mais, dans ces vues, les trois quarts de l'église échappaient aux regards. Qu'y a-t-il derrière notre dos? et là-bas, à cet endroit où le soleil est plus vif, qu'y a-t-il à gauche, qu'y a-t-il à droite? Voilà ce qu'on se demandait après avoir bien contemplé ce qu'on avait devant les yeux. Avant de quitter la place, on eût voulu que trois autres dioramas vinssent compléter le premier. Or, c'est là précisément ce qu'a fait M. Allaux, et d'une manière plus simple et plus expéditive : il a découvert une sorte de panorama qui, pour ce cas particulier, équivaut à quatre dioramas.

En effet, M. Allaux se place au centre de l'église, au point où les deux ailes de la croisée, la nef et le chœur, viennent aboutir : de-là sa vue se plonge dans quatre perspectives. Or, le secret de M. Allaux consiste à fixer sur une toile circulaire les lignes et les angles de ces quatre avenues. Il a trouvé le moyen de faire de l'architecture sans lignes droites, c'est-à-dire de faire paraître droit ce qui est courbe en réalité : l'art du trompe-l'œil ne peut pas aller plus loin.

La rotonde de M. Allaux sera consacrée, comme on voit, à nous transporter dans l'intérieur de toutes les belles églises de l'Europe. Une telle destination nous semble devoir exciter vivement l'intérêt des amis de l'art. Après avoir vu une église ainsi représentée, on peut dire, presque sans gasconnade, qu'on s'y est promené, qu'on en a fait le tour. Le premier tableau de M. Allaux, représentant *Saint-Pierre de Rome*, laissait quelque chose à désirer pour la fermeté du coloris et même pour l'effet de la perspective; dans la vue de *l'église de Westminster*, nouvellement exposée, on ne peut se plaindre d'aucun de ces défauts. Au premier aspect, l'œil croit sentir entre lui et ces voûtes de pierre un certain brouillard qui l'empêche de rien distinguer; mais au bout de quelques instans ce brouillard se dissipe; les lignes deviennent nettes et claires, l'illusion vous saisit, et vous vous croyez très sérieusement au milieu des tombeaux de tous les grands hommes qui ont illustré l'Angleterre.

La célébrité historique de l'église de Westminster aura sans doute déterminé M. Allaux dans son choix : il a voulu donner un pendant à l'église de la papauté. Mais la représentation d'une ancienne basilique romaine, de Saint-Paul, par exemple, s'il a eu le bonheur d'en prendre des dessins avant ce déplorable incendie; ou bien la vue d'une église du neuvième siècle, comme Sainte-Marie du Capitole à Cologne; d'une église du grand style à plein cintre, comme celles de Worms ou de Spire; d'une église franchement bizantine, comme Saint-Géréon de Cologne, ou mi-partie, c'est-à-dire moitié bizantine, moitié à ogives, comme la cathédrale de Tournay : voilà ce que les amateurs de l'architecture religieuse lui demanderont maintenant. Il faut que son Néorama devienne une sorte d'atlas, où l'on puisse étudier, sur des estampes grandes comme nature, le style et le goût architectonique des diverses grandes périodes du moyen âge.

IMPRIMERIE DE PIHAN DELAFOREST (MORINVAL),
Rue des Bons-Enfans, n°. 54.

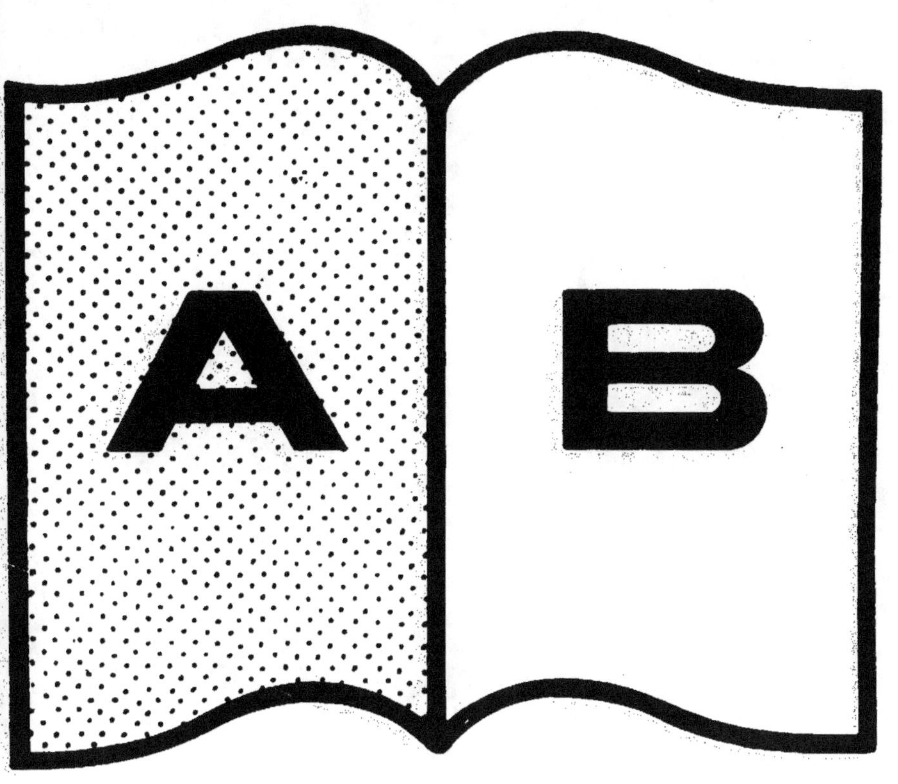

Contraste insuffisant

NF Z 43-120-14